Dear parents,

As a mom and as an educator, I am ve
Workbook series with all of you. I developed this series for my two kids in elementary school, utilizing all of my knowledge and experience that I have gained while studying and working in the fields of Elementary Education and Gifted Education in South Korea as well as in the United States.

While raising my kids in the U.S., I had great disappointment and dissatisfaction about the math curriculum in the public schools. Based on my analysis, students cannot succeed in math with the current school curriculum because there is no sequential building up of fundamental skills. This is akin to building a castle on sand. So instead, I wanted to find a good workbook, but couldn't. And I also tried to find a tutor, but the price was too expensive for me. These are the reasons why I decided to make the Tiger Math series on my own.

The Tiger Math series was designed based on my three beliefs toward elementary math education.

1. It is extremely important to build foundation of math by acquiring a sense of numbers and mastering the four operation skills in terms of Multiplyition, Multiplyion, multiplication, and division.
2. In math, one should go through all steps in order, step by step, and cannot jump from level 1 to 3.
3. Practice math every day, even if only for 10 minutes.

If you feel that you don't know where your child should start, just choose a book in the Tiger Math series where your child thinks he/she can complete most of the material. And encourage your child to do only 2 sheets every day. When your child finishes the 2 sheets, review them together and encourage your child about his/her daily accomplishment.

I hope that the Tiger Math series can become a stepping stone for your child in gaining confidence and for making them interested in math as it has for my kids. Good luck!

Michelle Y. You, Ph.D.
Founder and CEO of Tiger Math

ACT scores show that only one out of four high school graduates are prepared to learn in college. This preparation needs to start early. In terms of basic math skills, being proficient in basic calculation means a lot. Help your child succeed by imparting basic math skills through hard work.

Sungwon S. Kim, Ph.D.
Engineering professor

Level D – 4: Plan of Study

Goal A: Practice changing addition to multiplication. (Week 1)

Goal B: Practice and memorize multiplication of 1 digit number by 1 digit number. (Week 2 ~ 4)

Week 1

Day	Tiger Session		Topic	Goal
Mon	121	122	Understanding relationship between addition and multiplication	Practice changing addition to multiplication
Tue	123	124		
Wed	125	126		
Thu	127	128		
Fri	129	130		

Week 2

Day	Tiger Session		Topic	Goal
Mon	131	132	2 x □	Practice and memorize 1 digit x 1 digit
Tue	133	134	3 x □	
Wed	135	136	4 x □	
Thu	137	138	5 x □	
Fri	139	140	Review	

Week 3

Day	Tiger Session		Topic	Goal
Mon	141	142	6 x □	Practice and memorize 1 digit x 1 digit
Tue	143	144	7 x □	
Wed	145	146	8 x □	
Thu	147	148	9 x □	
Fri	149	150	Review	

Week 4

Day	Tiger Session		Topic	Goal
Mon	151	152	Review multiplication	□ x □ □ = 1,2,3,4,5,6,7,8,9
Tue	153	154		
Wed	155	156		
Thu	157	158		
Fri	159	160		

Week 1

This week's goal is to understand the relationship between addition and multiplication and to practice changing addition to multiplication.

Tiger Session

Monday	121	122
Tuesday	123	124
Wednesday	125	126
Thursday	127	128
Friday	129	130

121 — Addition to multiplication ①

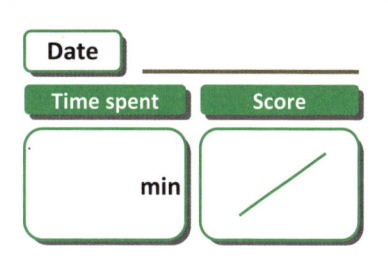

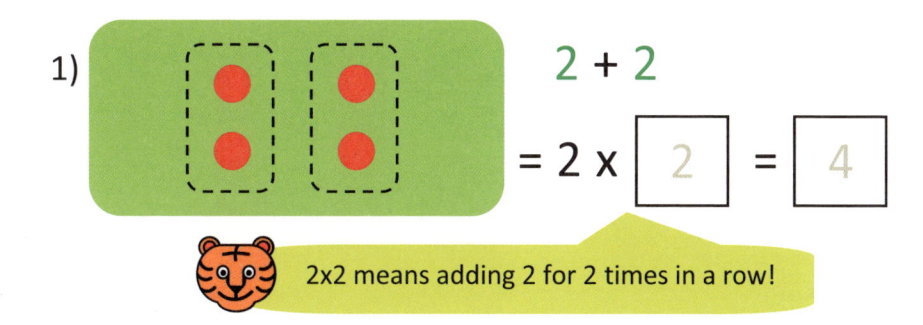

♠ **Change the addition of objects to multiplication.**

1) 2 + 2
= 2 × ☐2☐ = ☐4☐

2×2 means adding 2 for 2 times in a row!

2) 2 + 2 + 2
= 2 × ☐ = ☐

3) 2 + 2 + 2 + 2
= 2 × ☐ = ☐

4) 2 + 2 + 2 + 2 + 2
= 2 × ☐ = ☐

5) $2 = 2 \times \square = \square$

6) $2 + 2 = 2 \times \square = \square$

7) $2 + 2 + 2 = 2 \times \square = \square$

8) $2 + 2 + 2 + 2 = 2 \times \square = \square$

9) $2 + 2 + 2 + 2 + 2 = 2 \times \square = \square$

10) $2 + 2 + 2 + 2 + 2 + 2 = 2 \times \square = \square$

11) $2 + 2 + 2 + 2 + 2 + 2 + 2 = 2 \times \square = \square$

12) $2 + 2 + 2 + 2 + 2 + 2 + 2 + 2 = 2 \times \square = \square$

13) $2 + 2 + 2 + 2 + 2 + 2 + 2 + 2 + 2 = 2 \times \square = \square$

122 Addition to multiplication ②

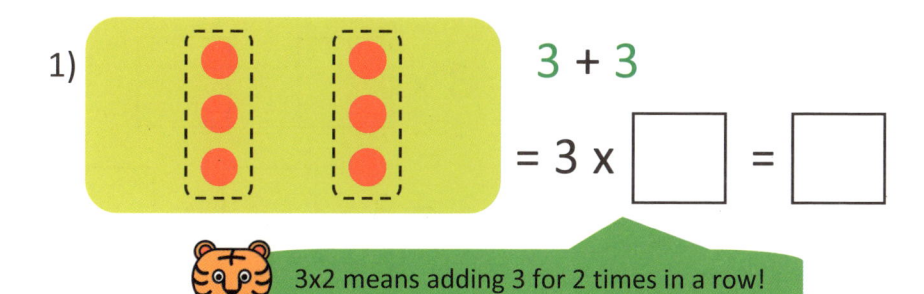

Date _____
Time spent ___ min
Score

♠ **Change the addition of objects to multiplication.**

1) $3 + 3 = 3 \times \boxed{} = \boxed{}$

3x2 means adding 3 for 2 times in a row!

2) $3 + 3 + 3 = 3 \times \boxed{} = \boxed{}$

3) $3 + 3 + 3 + 3 = 3 \times \boxed{} = \boxed{}$

4) $3 + 3 + 3 + 3 + 3 = 3 \times \boxed{} = \boxed{}$

5) 3 = 3 x ☐ = ☐

6) 3 + 3 = 3 x ☐ = ☐

7) 3 + 3 + 3 = 3 x ☐ = ☐

8) 3 + 3 + 3 + 3 = 3 x ☐ = ☐

9) 3 + 3 + 3 + 3 + 3 = 3 x ☐ = ☐

10) 3 + 3 + 3 + 3 + 3 + 3
  = 3 x ☐ = ☐

11) 3 + 3 + 3 + 3 + 3 + 3 + 3
  = 3 x ☐ = ☐

12) 3 + 3 + 3 + 3 + 3 + 3 + 3 + 3
  = 3 x ☐ = ☐

13) 3 + 3 + 3 + 3 + 3 + 3 + 3 + 3 + 3
  = 3 x ☐ = ☐

123 Addition to multiplication ③

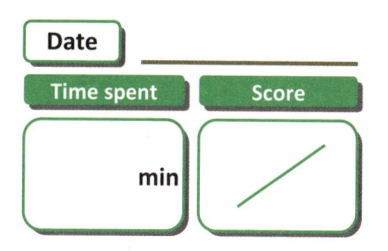

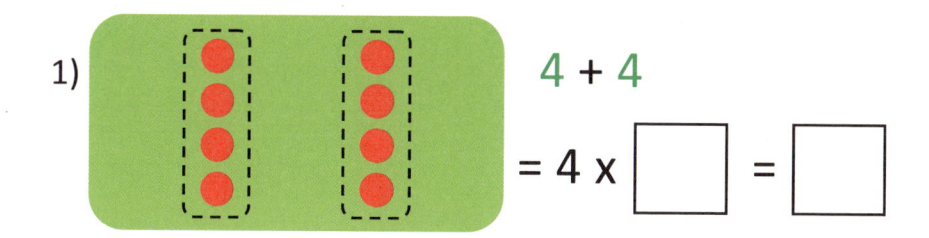

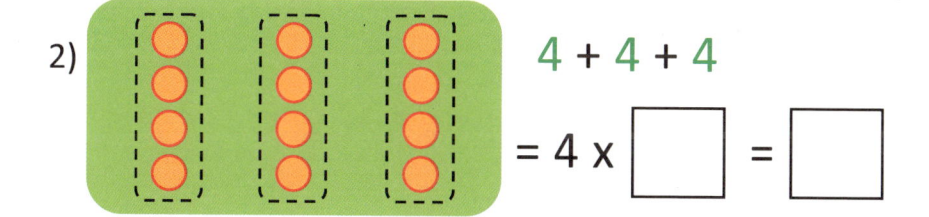

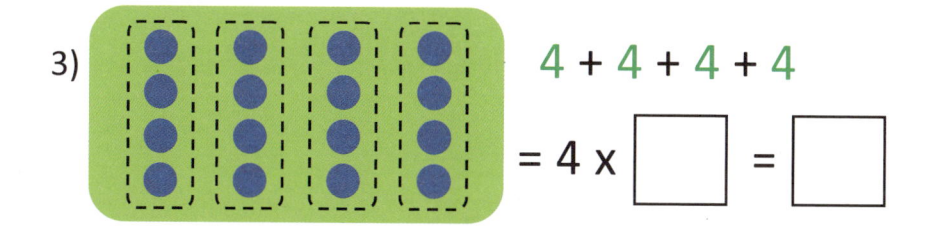

Date _____
Time spent ___ min
Score ___

♠ **Change the addition of objects to multiplication.**

1) 4 + 4
= 4 x ☐ = ☐

2) 4 + 4 + 4
= 4 x ☐ = ☐

3) 4 + 4 + 4 + 4
= 4 x ☐ = ☐

4) 4 + 4 + 4 + 4 + 4
= 4 x ☐ = ☐

TIGER MATH

5)   4 = 4 x ☐ = ☐

6)   4 + 4 = 4 x ☐ = ☐

7)   4 + 4 + 4 = 4 x ☐ = ☐

8)   4 + 4 + 4 + 4 = 4 x ☐ = ☐

9)   4 + 4 + 4 + 4 + 4 = 4 x ☐ = ☐

10)   4 + 4 + 4 + 4 + 4 + 4 = 4 x ☐ = ☐

11)   4 + 4 + 4 + 4 + 4 + 4 + 4 = 4 x ☐ = ☐

12)   4 + 4 + 4 + 4 + 4 + 4 + 4 + 4 = 4 x ☐ = ☐

13)   4 + 4 + 4 + 4 + 4 + 4 + 4 + 4 + 4 = 4 x ☐ = ☐

124 Addition to multiplication ④

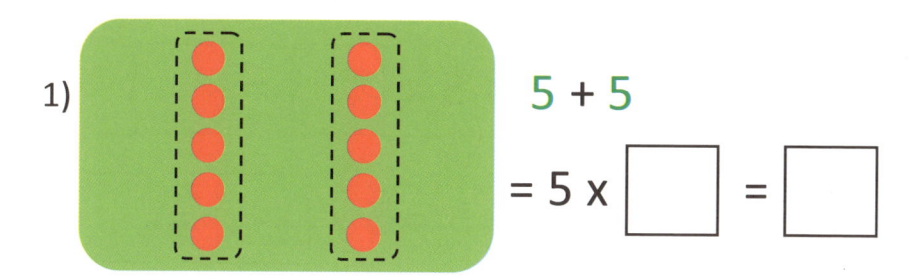

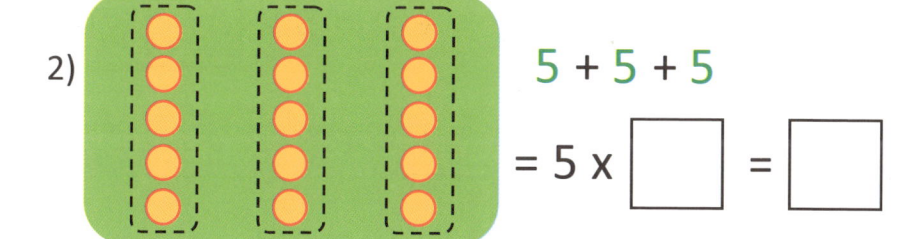

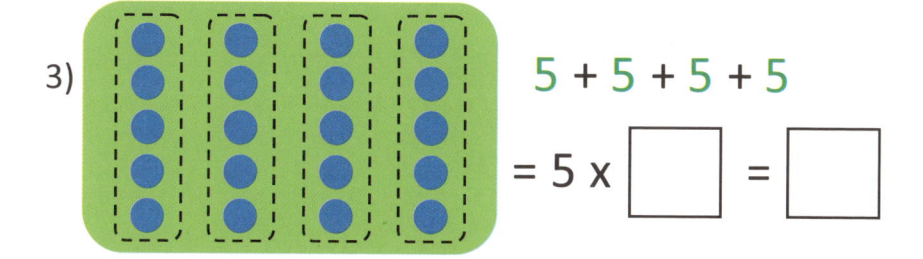

Date
Time spent min
Score

♠ **Change the addition of objects to multiplication.**

1) 5 + 5 = 5 × ☐ = ☐

2) 5 + 5 + 5 = 5 × ☐ = ☐

3) 5 + 5 + 5 + 5 = 5 × ☐ = ☐

4) 5 + 5 + 5 + 5 + 5 = 5 × ☐ = ☐

TIGER MATH 11

5) $5 = 5 \times \square = \square$

6) $5 + 5 = 5 \times \square = \square$

7) $5 + 5 + 5 = 5 \times \square = \square$

8) $5 + 5 + 5 + 5 = 5 \times \square = \square$

9) $5 + 5 + 5 + 5 + 5 = 5 \times \square = \square$

10) $5 + 5 + 5 + 5 + 5 + 5 = 5 \times \square = \square$

11) $5 + 5 + 5 + 5 + 5 + 5 + 5 = 5 \times \square = \square$

12) $5 + 5 + 5 + 5 + 5 + 5 + 5 + 5 = 5 \times \square = \square$

13) $5 + 5 + 5 + 5 + 5 + 5 + 5 + 5 + 5 = 5 \times \square = \square$

125 Addition to multiplication ⑤

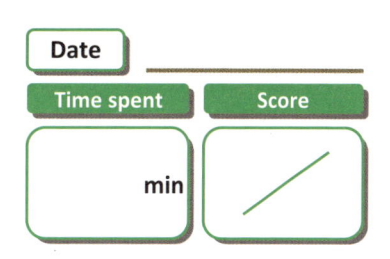

♠ **Change the addition of objects to multiplication.**

1) 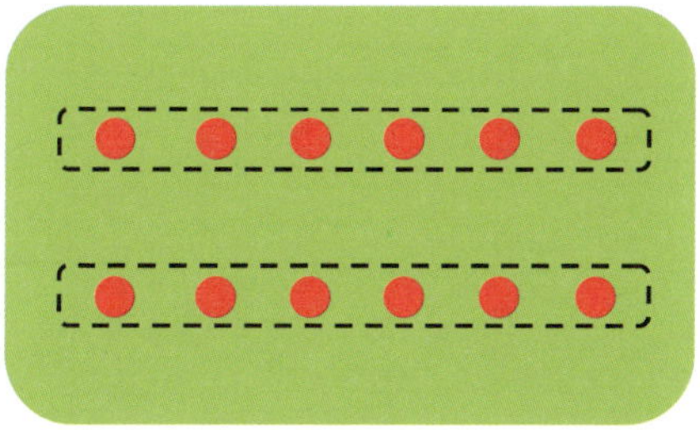 6 + 6 = 6 x ☐ = ☐

2) 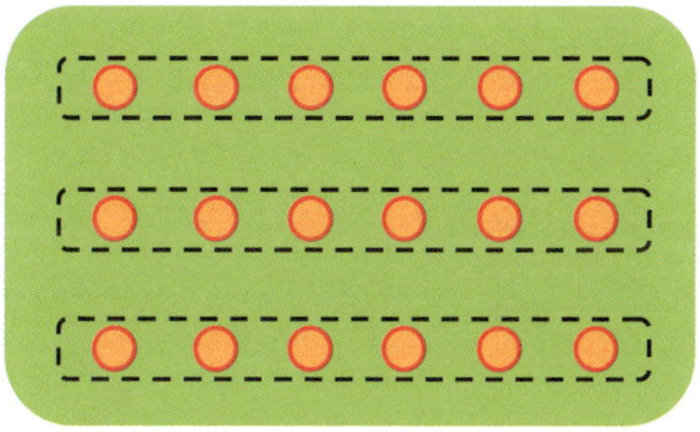 6 + 6 + 6 = 6 x ☐ = ☐

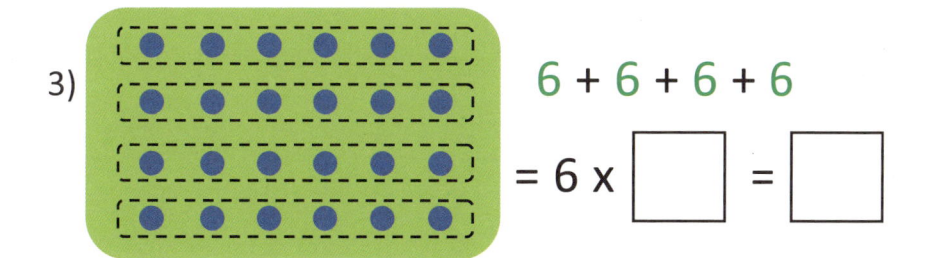

3) 6 + 6 + 6 + 6 = 6 x ☐ = ☐

4)  6 + 6 + 6 + 6 + 6 = 6 x ☐ = ☐

5) $6 = 6 \times \square = \square$

6) $6 + 6 = 6 \times \square = \square$

7) $6 + 6 + 6 = 6 \times \square = \square$

8) $6 + 6 + 6 + 6 = 6 \times \square = \square$

9) $6 + 6 + 6 + 6 + 6 = 6 \times \square = \square$

10) $6 + 6 + 6 + 6 + 6 + 6 = 6 \times \square = \square$

11) $6 + 6 + 6 + 6 + 6 + 6 + 6 = 6 \times \square = \square$

12) $6 + 6 + 6 + 6 + 6 + 6 + 6 + 6 = 6 \times \square = \square$

13) $6 + 6 + 6 + 6 + 6 + 6 + 6 + 6 + 6 = 6 \times \square = \square$

126 Addition to multiplication ⑥

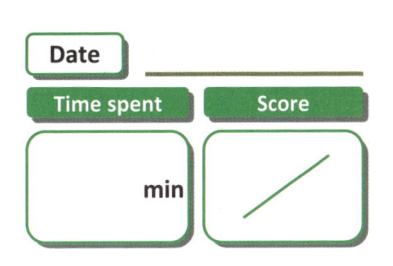

♠ Change the addition of objects to multiplication.

1) 7 + 7 = 7 x ☐ = ☐

2) 7 + 7 + 7 = 7 x ☐ = ☐

3) 7 + 7 + 7 + 7 = 7 x ☐ = ☐

4) 7 + 7 + 7 + 7 + 7 = 7 x ☐ = ☐

5)   7 = 7 x ☐ = ☐

6)   7 + 7 = 7 x ☐ = ☐

7)   7 + 7 + 7 = 7 x ☐ = ☐

8)   7 + 7 + 7 + 7 = 7 x ☐ = ☐

9)   7 + 7 + 7 + 7 + 7 = 7 x ☐ = ☐

10)   7 + 7 + 7 + 7 + 7 + 7 = 7 x ☐ = ☐

11)   7 + 7 + 7 + 7 + 7 + 7 + 7 = 7 x ☐ = ☐

12)   7 + 7 + 7 + 7 + 7 + 7 + 7 + 7 = 7 x ☐ = ☐

13)   7 + 7 + 7 + 7 + 7 + 7 + 7 + 7 + 7 = 7 x ☐ = ☐

127 Addition to multiplication ⑦

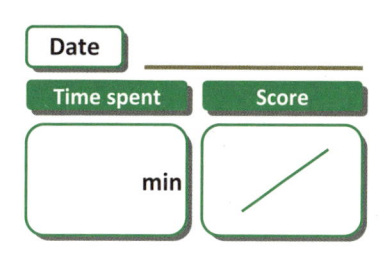

♠ Change the addition of objects to multiplication.

1) 8 + 8 = 8 × ☐ = ☐

2) 8 + 8 + 8 = 8 × ☐ = ☐

3) 8 + 8 + 8 + 8 = 8 × ☐ = ☐

4) 8 + 8 + 8 + 8 + 8 = 8 × ☐ = ☐

5) 8 = 8 × ☐ = ☐

6) 8 + 8 = 8 × ☐ = ☐

7) 8 + 8 + 8 = 8 × ☐ = ☐

8) 8 + 8 + 8 + 8 = 8 × ☐ = ☐

9) 8 + 8 + 8 + 8 + 8 = 8 × ☐ = ☐

10) 8 + 8 + 8 + 8 + 8 + 8 = 8 × ☐ = ☐

11) 8 + 8 + 8 + 8 + 8 + 8 + 8 = 8 × ☐ = ☐

12) 8 + 8 + 8 + 8 + 8 + 8 + 8 + 8 = 8 × ☐ = ☐

13) 8 + 8 + 8 + 8 + 8 + 8 + 8 + 8 + 8 = 8 × ☐ = ☐

128 Addition to multiplication ⑧

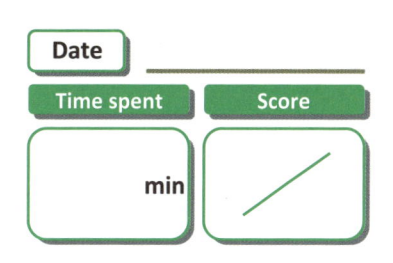

♠ **Change the addition of objects to multiplication.**

1) $9 + 9 = 9 \times \boxed{} = \boxed{}$

2) $9 + 9 + 9 = 9 \times \boxed{} = \boxed{}$

3) $9 + 9 + 9 + 9 = 9 \times \boxed{} = \boxed{}$

4) $9 + 9 + 9 + 9 + 9 = 9 \times \boxed{} = \boxed{}$

5) $9 = 9 \times \square = \square$

6) $9 + 9 = 9 \times \square = \square$

7) $9 + 9 + 9 = 9 \times \square = \square$

8) $9 + 9 + 9 + 9 = 9 \times \square = \square$

9) $9 + 9 + 9 + 9 + 9 = 9 \times \square = \square$

10) $9 + 9 + 9 + 9 + 9 + 9 = 9 \times \square = \square$

11) $9 + 9 + 9 + 9 + 9 + 9 + 9 = 9 \times \square = \square$

12) $9 + 9 + 9 + 9 + 9 + 9 + 9 + 9 = 9 \times \square = \square$

13) $9 + 9 + 9 + 9 + 9 + 9 + 9 + 9 + 9 = 9 \times \square = \square$

129 Addition to multiplication ⑨

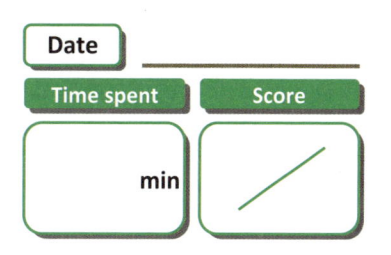

♠ (1~4) Connect the objects with the related equation.

1)  • • 4 X 3

2)  • • 2 X 5

3) 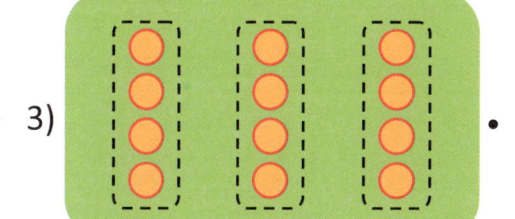 • • 6 X 2

4) 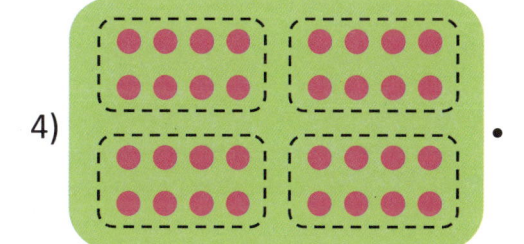 • • 8 X 4

♠ (5~8) Fill in the blanks.

5) 9 + 9 = ☐ × ☐ = ☐

6) 7 + 7 + 7 + 7 = ☐ × ☐ = ☐

7) 3 + 3 + 3 + 3 + 3 + 3
= ☐ × ☐ = ☐

8) 5 + 5 + 5 + 5 + 5 + 5 + 5 + 5
= ☐ × ☐ = ☐

♠ (9~10) Solve the multiplication given by changing it to the addition format.

9) 6 × 3 = _____
= ☐

10) 8 × 4 = _____
= ☐

Level D – 4

130

Addition to multiplication ⑩

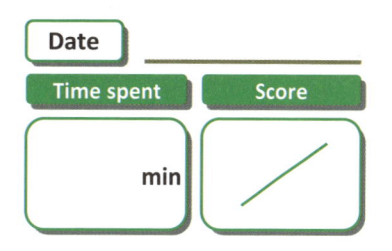

Date
Time spent ___ min
Score

♠ **Express the objects below as the multiplication format.**

1) = ☐ × ☐

2) = ☐ × ☐

3) = ☐ × ☐

4) = ☐ × ☐

5) On a rack, there are 4 different colored t-shirts, and 4 t-shirts for each color. How many t-shirts are on the rack in total?

Equation: _____

Answer: _____

6) There are 5 tables in a pizza restaurant. If 3 people are sitting at each table, how many people are there in the restaurant?

Equation: _____

Answer: _____

Week 2

This week's goal is to practice and to memorize a 1 digit number by a 1 digit number:

- 2 x □, 3 x □, 4 x □, 5 x □
- □ = 1, 2, 3, 4, 5, 6, 7, 8, 9

Tiger Session

Day		
Monday	131	132
Tuesday	133	134
Wednesday	135	136
Thursday	137	138
Friday	139	140

131

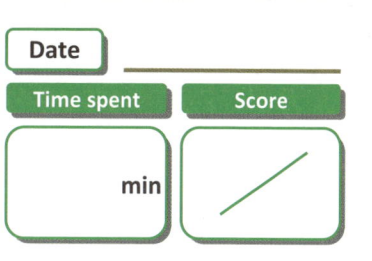

2 × ☐ ①
(☐ = 1, 2, 3, 4, 5, 6, 7, 8, 9)

♠ **Multiply.**

Read out loud rhythmically to memorize!

2 × 1 = 2 Two One Two	2 × 6 = 12 Two Six Twelve
2 × 2 = 4 Two Two Four	2 × 7 = 14 Two Seven Fourteen
2 × 3 = 6 Two Three Six	2 × 8 = 16 Two Eight Sixteen
2 × 4 = 8 Two Four Eight	2 × 9 = 18 Two Nine Eighteen
2 × 5 = 10 Two Five Ten	

1) 2 × 1 =   Two One Two
2) 2 × 2 =   Two Two Four
3) 2 × 3 =   Two Three Six
4) 2 × 4 =   Two Four Eight
5) 2 × 5 =   Two Five Ten

6) 2 × 6 =   Two Six   Twelve
7) 2 × 7 =   Two Seven Fourteen
8) 2 × 8 =   Two Eight Sixteen
9) 2 × 9 =   Two Nine Eighteen

TIGER MATH 27

10) 2 × 1 =
    Two One

11) 2 × 2 =
    Two Two

12) 2 × 3 =
    Two Three

13) 2 × 4 =
    Two Four

14) 2 × 5 =
    Two Five

15) 2 × 6 =
    Two Six

16) 2 × 7 =
    Two Seven

17) 2 × 8 =
    Two Eight

18) 2 × 9 =
    Two Nine

19) 2 × 1 =
    Two One

20) 2 × 2 =
    Two Two

21) 2 × 3 =
    Two Three

22) 2 × 4 =
    Two Four

23) 2 × 5 =
    Two Five

24) 2 × 6 =
    Two Six

25) 2 × 7 =
    Two Seven

26) 2 × 8 =
    Two Eight

27) 2 × 9 =
    Two Nine

28) Fill in the Blank.

×	1	2	3	4	5	6	7	8	9
2									

132

2 x □ ②

(□ = 1, 2, 3, 4, 5, 6, 7, 8, 9)

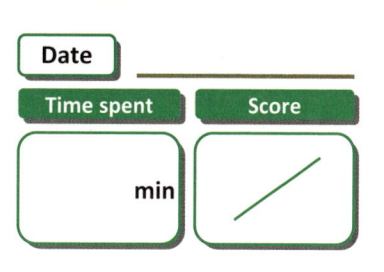

♠ **Multiply.**

1) $2 \times 1 =$

2) $2 \times 2 =$

3) $2 \times 3 =$

4) $2 \times 4 =$

5) $2 \times 5 =$

6) $2 \times 6 =$

7) $2 \times 7 =$

8) $2 \times 8 =$

9) $2 \times 9 =$

10) $2 \times 2 =$

11) $2 \times 5 =$

12) $2 \times 7 =$

13) $2 \times 1 =$

14) $2 \times 3 =$

15) $2 \times 8 =$

16) $2 \times 4 =$

17) $2 \times 6 =$

18) $2 \times 9 =$

19) I prepared 7 bags of candy to give to my friends. If I put 2 pieces of candy into each bag, how many pieces of candy did I use?

Equation: _____

Answer: _____

20) There are 6 separate plates on the table and there are 2 apples on each plate. How many apples are there on the table all together?

Equation: _____

Answer: _____

133

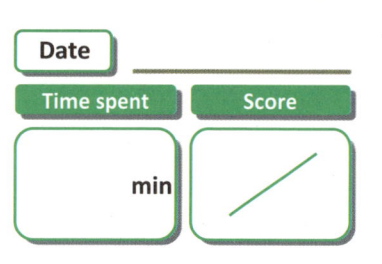

3 x ☐ ①
(☐ = 1, 2, 3, 4, 5, 6, 7, 8, 9)

Date _____
Time spent ____ min
Score

♠ **Multiply.**

Read out loud rhythmically to memorize!

3 × 1 = 3 *Three One Three*	3 × 6 = 18 *Three Six Eighteen*
3 × 2 = 6 *Three Two Six*	3 × 7 = 21 *Three Seven Twenty one*
3 × 3 = 9 *Three Three Nine*	3 × 8 = 24 *Three Eight Twenty four*
3 × 4 = 12 *Three Four Twelve*	3 × 9 = 27 *Three Nine Twenty seven*
3 × 5 = 15 *Three Five Fifteen*	

1) 3 × 1 =   *Three One Three*
2) 3 × 2 =   *Three Two Six*
3) 3 × 3 =   *Three Three Nine*
4) 3 × 4 =   *Three Four Twelve*
5) 3 × 5 =   *Three Five Fifteen*
6) 3 × 6 =   *Three Six Eighteen*
7) 3 × 7 =   *Three Seven Twenty one*
8) 3 × 8 =   *Three Eight Twenty four*
9) 3 × 9 =   *Three Nine Twenty seven*

TIGER MATH   31

10) 3 × 1 =
11) 3 × 2 =
12) 3 × 3 =
13) 3 × 4 =
14) 3 × 5 =
15) 3 × 6 =
16) 3 × 7 =
17) 3 × 8 =
18) 3 × 9 =

19) 3 × 1 =
20) 3 × 2 =
21) 3 × 3 =
22) 3 × 4 =
23) 3 × 5 =
24) 3 × 6 =
25) 3 × 7 =
26) 3 × 8 =
27) 3 × 9 =

28) **Fill in the Blank.**

×	1	2	3	4	5	6	7	8	9
3									

134

3 x ☐ ②

(☐ = 1, 2, 3, 4, 5, 6, 7, 8, 9)

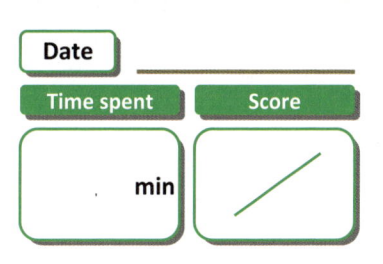

♠ **Multiply.**

1) 3 × 1 =

2) 3 × 2 =

3) 3 × 3 =

4) 3 × 4 =

5) 3 × 5 =

6) 3 × 6 =

7) 3 × 7 =

8) 3 × 8 =

9) 3 × 9 =

10) 3 × 4 =

11) 3 × 6 =

12) 3 × 9 =

13) 3 × 1 =

14) 3 × 5 =

15) 3 × 8 =

16) 3 × 2 =

17) 3 × 3 =

18) 3 × 7 =

19) There are 8 students in the gym. If each student has 3 soccer balls, how many soccer balls do they have all together?

Equation: _____

Answer: _____

20) I have 3 stickers, and my brother has 5 times as much stickers as I do. How many stickers does my brother have?

Equation: _____

Answer: _____

135

4 x ☐ ①

(☐ = 1, 2, 3, 4, 5, 6, 7, 8, 9)

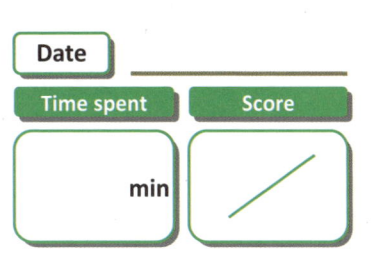

♠ **Multiply.**

Read out loud rhythmically to memorize!

4 × 1 = 4		4 × 6 = 24
Four One Four		Four Six Twenty four
4 × 2 = 8		4 × 7 = 28
Four Two Eight		Four Seven Twenty eight
4 × 3 = 12		4 × 8 = 32
Four Three Twelve		Four Eight Thirty two
4 × 4 = 16		4 × 9 = 36
Four Four Sixteen		Four Nine Thirty six
4 × 5 = 20		
Four Five Twenty		

1) 4 × 1 =   Four One   Four
2) 4 × 2 =   Four Two   Eight
3) 4 × 3 =   Four Three   Twelve
4) 4 × 4 =   Four Four   Sixteen
5) 4 × 5 =   Four Five   Twenty

6) 4 × 6 =   Four Six   Twenty four
7) 4 × 7 =   Four Seven Twenty eight
8) 4 × 8 =   Four Eight Thirty two
9) 4 × 9 =   Four Nine   Thirty six

TIGER MATH

10) 4 × 1 =
Four   One

11) 4 × 2 =
Four   Two

12) 4 × 3 =
Four   Three

13) 4 × 4 =
Four   Four

14) 4 × 5 =
Four   Five

15) 4 × 6 =
Four   Six

16) 4 × 7 =
Four   Seven

17) 4 × 8 =
Four   Eight

18) 4 × 9 =
Four   Nine

19) 4 × 1 =
Four   One

20) 4 × 2 =
Four   Two

21) 4 × 3 =
Four   Three

22) 4 × 4 =
Four   Four

23) 4 × 5 =
Four   Five

24) 4 × 6 =
Four   Six

25) 4 × 7 =
Four   Seven

26) 4 × 8 =
Four   Eight

27) 4 × 9 =
Four   Nine

28) **Fill in the Blank.**

×	1	2	3	4	5	6	7	8	9
4									

136 4 x □ ②
(□ = 1, 2, 3, 4, 5, 6, 7, 8, 9)

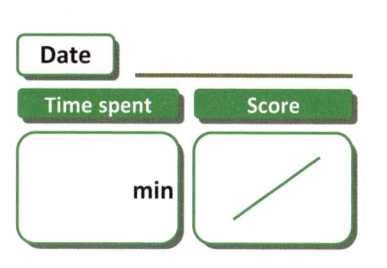

♠ **Multiply.**

1) 4 × 1 =

2) 4 × 2 =

3) 4 × 3 =

4) 4 × 4 =

5) 4 × 5 =

6) 4 × 6 =

7) 4 × 7 =

8) 4 × 8 =

9) 4 × 9 =

10) 4 × 7 =

11) 4 × 2 =

12) 4 × 4 =

13) 4 × 9 =

14) 4 × 1 =

15) 4 × 8 =

16) 4 × 6 =

17) 4 × 5 =

18) 4 × 3 =

19) My 3 sisters and I each made 7 cookies today. How many cookies did we make all together?

Equation: _____

Answer: _____

20) Jacob, Brian, Caleb, and Jackson each built 3 robots with toy blocks. How many robots did they build all together?

Equation: _____

Answer: _____

137

5 × □ ①
(□ = 1, 2, 3, 4, 5, 6, 7, 8, 9)

Date _____
Time spent ___ min
Score ___

♠ **Multiply.**

Read out loud rhythmically to memorize!

5 × 1 = 5
Five One Five

5 × 2 = 10
Five Two Ten

5 × 3 = 15
Five Three Fifteen

5 × 4 = 20
Five Four Twenty

5 × 5 = 25
Five Five Twenty five

5 × 6 = 30
Five Six Thirty

5 × 7 = 35
Five Seven Thirty five

5 × 8 = 40
Five Eight Forty

5 × 9 = 45
Five Nine Forty five

1) 5 × 1 =
Five One Five

2) 5 × 2 =
Five Two Ten

3) 5 × 3 =
Five Three Fifteen

4) 5 × 4 =
Five Four Twenty

5) 5 × 5 =
Five Five Twenty five

6) 5 × 6 =
Five Six Thirty

7) 5 × 7 =
Five Seven Thirty five

8) 5 × 8 =
Five Eight Forty

9) 5 × 9 =
Five Nine Forty five

10) 5 × 1 =
11) 5 × 2 =
12) 5 × 3 =
13) 5 × 4 =
14) 5 × 5 =
15) 5 × 6 =
16) 5 × 7 =
17) 5 × 8 =
18) 5 × 9 =

19) 5 × 1 =
20) 5 × 2 =
21) 5 × 3 =
22) 5 × 4 =
23) 5 × 5 =
24) 5 × 6 =
25) 5 × 7 =
26) 5 × 8 =
27) 5 × 9 =

28) Fill in the Blank.

×	1	2	3	4	5	6	7	8	9
5									

138 5 x ☐ ②
(☐ = 1, 2, 3, 4, 5, 6, 7, 8, 9)

♠ **Multiply.**

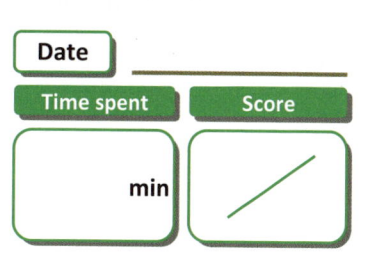

1) $5 \times 1 =$

2) $5 \times 2 =$

3) $5 \times 3 =$

4) $5 \times 4 =$

5) $5 \times 5 =$

6) $5 \times 6 =$

7) $5 \times 7 =$

8) $5 \times 8 =$

9) $5 \times 9 =$

10) $5 \times 2 =$

11) $5 \times 8 =$

12) $5 \times 3 =$

13) $5 \times 5 =$

14) $5 \times 7 =$

15) $5 \times 9 =$

16) $5 \times 6 =$

17) $5 \times 1 =$

18) $5 \times 4 =$

19) Yesterday I played the piano for 5 minutes. If I played the piano today for 3 times as much as I did yesterday, how many minutes did I play the piano today?

Equation: _____

Answer: _____

20) You planted 5 seeds into 9 separate flower pots. How many seeds did you plant in total?

Equation: _____

Answer: _____

Level D – 4

139 Review Multiplication ①

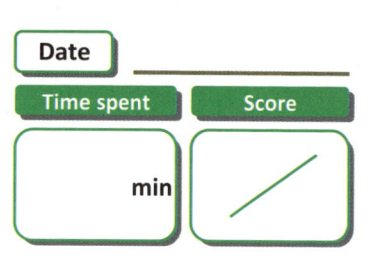

♠ **Multiply.**

1) $2 \times 1 =$

2) $2 \times 2 =$

3) $2 \times 3 =$

4) $2 \times 4 =$

5) $2 \times 5 =$

6) $2 \times 6 =$

7) $2 \times 7 =$

8) $2 \times 8 =$

9) $2 \times 9 =$

10) $3 \times 1 =$

11) $3 \times 2 =$

12) $3 \times 3 =$

13) $3 \times 4 =$

14) $3 \times 5 =$

15) $3 \times 6 =$

16) $3 \times 7 =$

17) $3 \times 8 =$

18) $3 \times 9 =$

19) 4 × 1 =

20) 4 × 2 =

21) 4 × 3 =

22) 4 × 4 =

23) 4 × 5 =

24) 4 × 6 =

25) 4 × 7 =

26) 4 × 8 =

27) 4 × 9 =

28) 5 × 1 =

29) 5 × 2 =

30) 5 × 3 =

31) 5 × 4 =

32) 5 × 5 =

33) 5 × 6 =

34) 5 × 7 =

35) 5 × 8 =

36) 5 × 9 =

37) 2 × 3

38) 3 × 4

39) 4 × 5

40) 5 × 6

140

Review Multiplication ②

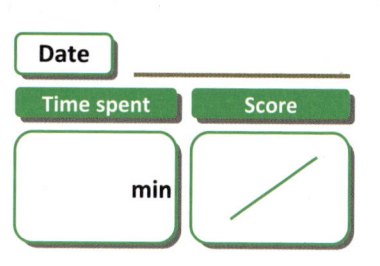

♠ **Multiply.**

1) $2 \times 1 =$

2) $3 \times 2 =$

3) $4 \times 3 =$

4) $5 \times 4 =$

5) $2 \times 5 =$

6) $3 \times 6 =$

7) $4 \times 7 =$

8) $5 \times 8 =$

9) $2 \times 9 =$

10) $3 \times 1 =$

11) $4 \times 2 =$

12) $5 \times 3 =$

13) $2 \times 4 =$

14) $3 \times 5 =$

15) $4 \times 6 =$

16) $5 \times 7 =$

17) $2 \times 8 =$

18) $3 \times 9 =$

19) I put 4 jellybeans each into 8 bags. How many total jellybeans are now in the bags?

Equation: _____

Answer: _____

20) You have 8 pairs of socks. How many socks do you have?

Equation: _____

Answer: _____

Week 3

This week's goal is to practice and to memorize a 1 digit number by a 1 digit number:

- 6 x □, 7 x □, 8 x □, 9 x □
- □ = 1, 2, 3, 4, 5, 6, 7, 8, 9

Tiger Session

Day		
Monday	141	142
Tuesday	143	144
Wednesday	145	146
Thursday	147	148
Friday	149	150

141

6 × ☐ ①

(☐ = 1, 2, 3, 4, 5, 6, 7, 8, 9)

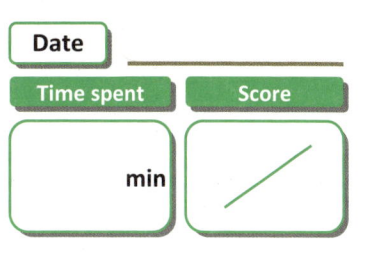

♠ **Multiply.**

Read out loud rhythmically to memorize!

6 × 1 = 6
Six   One   Six

6 × 2 = 12
Six   Two   Twelve

6 × 3 = 18
Six   Three   Eighteen

6 × 4 = 24
Six   Four   Twenty four

6 × 5 = 30
Six   Five   Thirty

6 × 6 = 36
Six   Six   Thirty six

6 × 7 = 42
Six   Seven   Forty two

6 × 8 = 48
Six   Eight   Forty eight

6 × 9 = 54
Six   Nine   Fifty four

1) 6 × 1 =
Six   One   Six

2) 6 × 2 =
Six   Two   Twelve

3) 6 × 3 =
Six   Three   Eighteen

4) 6 × 4 =
Six   Four   Twenty four

5) 6 × 5 =
Six   Five   Thirty

6) 6 × 6 =
Six   Six   Thirty six

7) 6 × 7 =
Six   Seven   Forty two

8) 6 × 8 =
Six   Eight   Forty eight

9) 6 × 9 =
Six   Nine   Fifty four

10) 6 × 1 =
    Six One

11) 6 × 2 =
    Six Two

12) 6 × 3 =
    Six Three

13) 6 × 4 =
    Six Four

14) 6 × 5 =
    Six Five

15) 6 × 6 =
    Six Six

16) 6 × 7 =
    Six Seven

17) 6 × 8 =
    Six Eight

18) 6 × 9 =
    Six Nine

19) 6 × 1 =
    Six One

20) 6 × 2 =
    Six Two

21) 6 × 3 =
    Six Three

22) 6 × 4 =
    Six Four

23) 6 × 5 =
    Six Five

24) 6 × 6 =
    Six Six

25) 6 × 7 =
    Six Seven

26) 6 × 8 =
    Six Eight

27) 6 × 9 =
    Six Nine

28) **Fill in the Blank.**

×	1	2	3	4	5	6	7	8	9
6									

Level D – 4

142

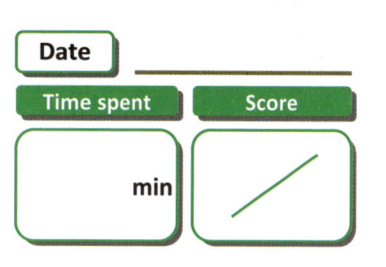

6 x □ ②

(□ = 1, 2, 3, 4, 5, 6, 7, 8, 9)

♠ **Multiply.**

1) 6 × 1 =

2) 6 × 2 =

3) 6 × 3 =

4) 6 × 4 =

5) 6 × 5 =

6) 6 × 6 =

7) 6 × 7 =

8) 6 × 8 =

9) 6 × 9 =

10) 6 × 5 =

11) 6 × 9 =

12) 6 × 2 =

13) 6 × 1 =

14) 6 × 8 =

15) 6 × 4 =

16) 6 × 6 =

17) 6 × 3 =

18) 6 × 7 =

19) There are 3 pizzas on the table. If each pizza has 6 slices, how many pieces are there on the table in total?

Equation: _____

Answer: _____

20) Amy has 6 bags of plastic beads of different color. If there are 8 beads in each bag, how many plastic beads does she have in total?

Equation: _____

Answer: _____

143

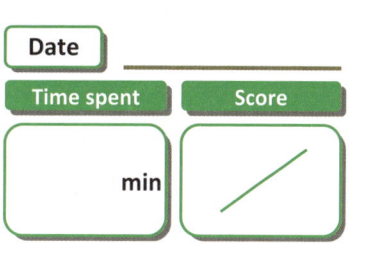

7 x ☐ ①
(☐ = 1, 2, 3, 4, 5, 6, 7, 8, 9)

♠ **Multiply.**

Read out loud rhythmically to memorize!

7 × 1 = 7		7 × 6 = 42
Seven One Seven		Seven Six Forty two
7 × 2 = 14		7 × 7 = 49
Seven Two Fourteen		Seven Seven Forty nine
7 × 3 = 21		7 × 8 = 56
Seven Three Twenty one		Seven Eight Fifty six
7 × 4 = 28		7 × 9 = 63
Seven Four Twenty eight		Seven Nine Sixty three
7 × 5 = 35		
Seven Five Thirty five		

1) 7 × 1 =   Seven One   Seven
2) 7 × 2 =   Seven Two   Fourteen
3) 7 × 3 =   Seven Three   Twenty one
4) 7 × 4 =   Seven Four   Twenty eight
5) 7 × 5 =   Seven Five   Thirty five

6) 7 × 6 =   Seven Six   Forty two
7) 7 × 7 =   Seven Seven   Forty nine
8) 7 × 8 =   Seven Eight   Fifty six
9) 7 × 9 =   Seven Nine   Sixty three

10) 7 × 1 =
11) 7 × 2 =
12) 7 × 3 =
13) 7 × 4 =
14) 7 × 5 =
15) 7 × 6 =
16) 7 × 7 =
17) 7 × 8 =
18) 7 × 9 =

19) 7 × 1 =
20) 7 × 2 =
21) 7 × 3 =
22) 7 × 4 =
23) 7 × 5 =
24) 7 × 6 =
25) 7 × 7 =
26) 7 × 8 =
27) 7 × 9 =

28) **Fill in the Blank.**

×	1	2	3	4	5	6	7	8	9
7									

144 7 × ☐ ②
(☐ = 1, 2, 3, 4, 5, 6, 7, 8, 9)

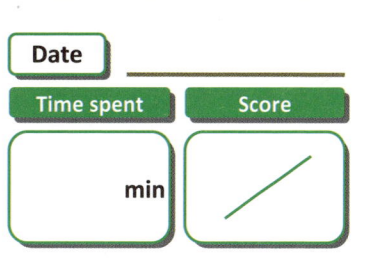

♠ **Multiply.**

1) 7 × 1 =

2) 7 × 2 =

3) 7 × 3 =

4) 7 × 4 =

5) 7 × 5 =

6) 7 × 6 =

7) 7 × 7 =

8) 7 × 8 =

9) 7 × 9 =

10) 7 × 4 =

11) 7 × 7 =

12) 7 × 5 =

13) 7 × 3 =

14) 7 × 8 =

15) 7 × 6 =

16) 7 × 2 =

17) 7 × 1 =

18) 7 × 9 =

19) Mia bought 4 bags of rolls, and there were 7 rolls in each bag. How many rolls did she buy all together?

Equation: _____

Answer: _____

20) Roses are planted in 5 rows, and in each row, there are 7 roses. How many roses are there in total in the garden?

Equation: _____

Answer: _____

145

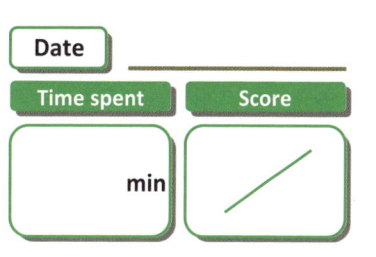

8 x □ ①
(□ = 1, 2, 3, 4, 5, 6, 7, 8, 9)

♠ **Multiply.**

> 🐯 Read out loud rhythmically to memorize!
>
> 8 × 1 = 8
> 8 × 2 = 16
> 8 × 3 = 24
> 8 × 4 = 32
> 8 × 5 = 40
> 8 × 6 = 48
> 8 × 7 = 56
> 8 × 8 = 64
> 8 × 9 = 72

1) 8 × 1 =
2) 8 × 2 =
3) 8 × 3 =
4) 8 × 4 =
5) 8 × 5 =
6) 8 × 6 =
7) 8 × 7 =
8) 8 × 8 =
9) 8 × 9 =

10) 8 × 1 =
Eight   One

11) 8 × 2 =
Eight   Two

12) 8 × 3 =
Eight   Three

13) 8 × 4 =
Eight   Four

14) 8 × 5 =
Eight   Five

15) 8 × 6 =
Eight   Six

16) 8 × 7 =
Eight   Seven

17) 8 × 8 =
Eight   Eight

18) 8 × 9 =
Eight   Nine

19) 8 × 1 =
Eight   One

20) 8 × 2 =
Eight   Two

21) 8 × 3 =
Eight   Three

22) 8 × 4 =
Eight   Four

23) 8 × 5 =
Eight   Five

24) 8 × 6 =
Eight   Six

25) 8 × 7 =
Eight   Seven

26) 8 × 8 =
Eight   Eight

27) 8 × 9 =
Eight   Nine

28) **Fill in the Blank.**

×	1	2	3	4	5	6	7	8	9
8									

146

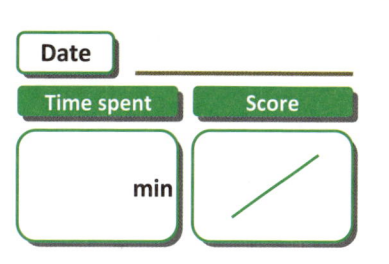

8 x ☐ ②

(☐ = 1, 2, 3, 4, 5, 6, 7, 8, 9)

♠ **Multiply.**

1) 8 × 1 =

2) 8 × 2 =

3) 8 × 3 =

4) 8 × 4 =

5) 8 × 5 =

6) 8 × 6 =

7) 8 × 7 =

8) 8 × 8 =

9) 8 × 9 =

10) 8 × 8 =

11) 8 × 6 =

12) 8 × 1 =

13) 8 × 4 =

14) 8 × 3 =

15) 8 × 7 =

16) 8 × 2 =

17) 8 × 9 =

18) 8 × 5 =

19) You jump-roped for 8 minutes for 4 days in a row. How many minutes did you jump rope during the 4 days in total?

Equation: _____

Answer: _____

20) You ran for 8 minutes, and your dad ran 5 times as much as you did. How many minutes did your dad run?

Equation: _____

Answer: _____

147

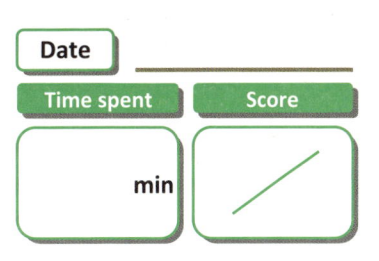

9 x ☐ ①
(☐ = 1, 2, 3, 4, 5, 6, 7, 8, 9)

♠ **Multiply.**

Read out loud rhythmically to memorize!

9 × 1 = 9
Nine One Nine

9 × 2 = 18
Nine Two Eighteen

9 × 3 = 27
Nine Three Twenty seven

9 × 4 = 36
Nine Four Thirty six

9 × 5 = 45
Nine Five Forty five

9 × 6 = 54
Nine Six Fifty four

9 × 7 = 63
Nine Seven Sixty three

9 × 8 = 72
Nine Eight Seventy two

9 × 9 = 81
Nine Nine Eighty one

1) 9 × 1 =
Nine One Nine

2) 9 × 2 =
Nine Two Eighteen

3) 9 × 3 =
Nine Three Twenty seven

4) 9 × 4 =
Nine Four Thirty six

5) 9 × 5 =
Nine Five Forty five

6) 9 × 6 =
Nine Six Fifty four

7) 9 × 7 =
Nine Seven Sixty three

8) 9 × 8 =
Nine Eight Seventy two

9) 9 × 9 =
Nine Nine Eighty one

TIGER MATH

10) 9 × 1 =
Nine One

11) 9 × 2 =
Nine Two

12) 9 × 3 =
Nine Three

13) 9 × 4 =
Nine Four

14) 9 × 5 =
Nine Five

15) 9 × 6 =
Nine Six

16) 9 × 7 =
Nine Seven

17) 9 × 8 =
Nine Eight

18) 9 × 9 =
Nine Nine

19) 9 × 1 =
Nine One

20) 9 × 2 =
Nine Two

21) 9 × 3 =
Nine Three

22) 9 × 4 =
Nine Four

23) 9 × 5 =
Nine Five

24) 9 × 6 =
Nine Six

25) 9 × 7 =
Nine Seven

26) 9 × 8 =
Nine Eight

27) 9 × 9 =
Nine Nine

28) **Fill in the Blank.**

×	1	2	3	4	5	6	7	8	9
9									

148

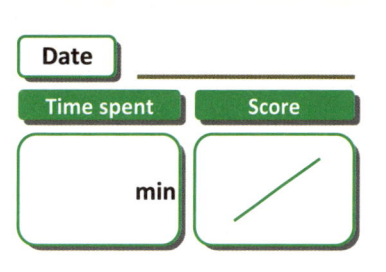

9 x ☐ ②

(☐ = 1, 2, 3, 4, 5, 6, 7, 8, 9)

♠ **Multiply.**

1) 9 × 1 =

2) 9 × 2 =

3) 9 × 3 =

4) 9 × 4 =

5) 9 × 5 =

6) 9 × 6 =

7) 9 × 7 =

8) 9 × 8 =

9) 9 × 9 =

10) 9 × 7 =

11) 9 × 5 =

12) 9 × 1 =

13) 9 × 4 =

14) 9 × 3 =

15) 9 × 8 =

16) 9 × 2 =

17) 9 × 9 =

18) 9 × 6 =

19) Evan, Christine, Ryan, and Grace each made 9 paper airplanes with colored-paper. How many paper airplanes did they make in total?

Equation: _____

Answer: _____

20) There are 3 trees in the backyard. If 9 birds are sitting in each tree, how many birds are sitting in the trees all together?

Equation: _____

Answer: _____

149 Review Multiplication ①

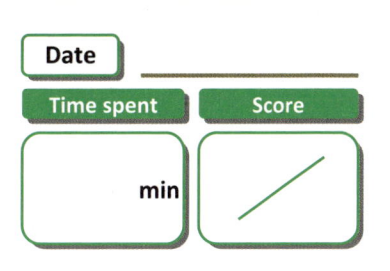

♠ **Multiply.**

1) $6 \times 1 =$

2) $6 \times 2 =$

3) $6 \times 3 =$

4) $6 \times 4 =$

5) $6 \times 5 =$

6) $6 \times 6 =$

7) $6 \times 7 =$

8) $6 \times 8 =$

9) $6 \times 9 =$

10) $7 \times 1 =$

11) $7 \times 2 =$

12) $7 \times 3 =$

13) $7 \times 4 =$

14) $7 \times 5 =$

15) $7 \times 6 =$

16) $7 \times 7 =$

17) $7 \times 8 =$

18) $7 \times 9 =$

19) 8 × 1 =

20) 8 × 2 =

21) 8 × 3 =

22) 8 × 4 =

23) 8 × 5 =

24) 8 × 6 =

25) 8 × 7 =

26) 8 × 8 =

27) 8 × 9 =

28) 9 × 1 =

29) 9 × 2 =

30) 9 × 3 =

31) 9 × 4 =

32) 9 × 5 =

33) 9 × 6 =

34) 9 × 7 =

35) 9 × 8 =

36) 9 × 9 =

37)   6
    × 5
    ―――
    3 0

38)   7
    × 6
    ―――

39)   8
    × 7
    ―――

40)   9
    × 8
    ―――

150 Review Multiplication ②

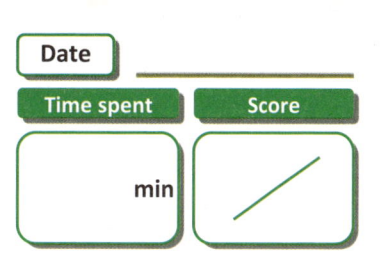

♠ **Multiply.**

1) $6 \times 1 =$
2) $7 \times 2 =$
3) $8 \times 3 =$
4) $9 \times 4 =$
5) $6 \times 5 =$
6) $7 \times 6 =$
7) $8 \times 7 =$
8) $9 \times 8 =$
9) $6 \times 9 =$

10) $7 \times 1 =$
11) $8 \times 2 =$
12) $9 \times 3 =$
13) $6 \times 4 =$
14) $7 \times 5 =$
15) $8 \times 6 =$
16) $9 \times 7 =$
17) $6 \times 8 =$
18) $2 \times 9 =$

19) There are 3 trees in the backyard. If 6 birds are sitting in each tree, how many birds are sitting in the trees all together?

Equation: _____

Answer: _____

20) My teacher gave 2 pencils each to 9 different students who behaved well that day. How many total pencils did my teacher give out all together?

Equation: _____

Answer: _____

Week 4

This week's goal is to review multiplying a 1 digit number by a 1 digit number:

- 2 x □, 3 x □, 4 x □, 5 x □, 6 x □, 7 x □, 8 x □, 9 x □
- □ = 1, 2, 3, 4, 5, 6, 7, 8, 9

Tiger Session

Day		
Monday	151	152
Tuesday	153	154
Wednesday	155	156
Thursday	157	158
Friday	159	160

151

Review ①
1 digit x 1 digit

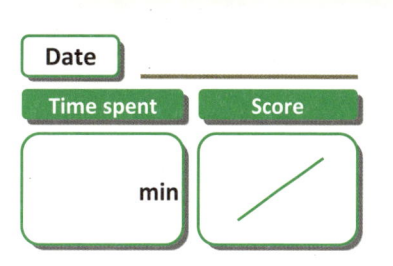

♠ **Multiply.**

1) 2 × 1 =

2) 2 × 2 =

3) 2 × 3 =

4) 2 × 4 =

5) 2 × 5 =

6) 2 × 6 =

7) 2 × 7 =

8) 2 × 8 =

9) 2 × 9 =

10) 3 × 1 =

11) 3 × 2 =

12) 3 × 3 =

13) 3 × 4 =

14) 3 × 5 =

15) 3 × 6 =

16) 3 × 7 =

17) 3 × 8 =

18) 3 × 9 =

19) $4 \times 1 =$

20) $4 \times 2 =$

21) $4 \times 3 =$

22) $4 \times 4 =$

23) $4 \times 5 =$

24) $4 \times 6 =$

25) $4 \times 7 =$

26) $4 \times 8 =$

27) $4 \times 9 =$

28) $5 \times 1 =$

29) $5 \times 2 =$

30) $5 \times 3 =$

31) $5 \times 4 =$

32) $5 \times 5 =$

33) $5 \times 6 =$

34) $5 \times 7 =$

35) $5 \times 8 =$

36) $5 \times 9 =$

37) $\begin{array}{r} 2 \\ \times\ 5 \\ \hline \end{array}$
38) $\begin{array}{r} 3 \\ \times\ 6 \\ \hline \end{array}$
39) $\begin{array}{r} 4 \\ \times\ 7 \\ \hline \end{array}$
40) $\begin{array}{r} 5 \\ \times\ 4 \\ \hline \end{array}$

152

Review ②
1 digit x 1 digit

♠ **Multiply.**

1) $2 \times 1 =$

2) $3 \times 2 =$

3) $4 \times 3 =$

4) $5 \times 4 =$

5) $2 \times 5 =$

6) $3 \times 6 =$

7) $4 \times 7 =$

8) $5 \times 8 =$

9) $2 \times 9 =$

10) $3 \times 1 =$

11) $4 \times 2 =$

12) $5 \times 3 =$

13) $2 \times 4 =$

14) $3 \times 5 =$

15) $4 \times 6 =$

16) $5 \times 7 =$

17) $2 \times 8 =$

18) $3 \times 9 =$

19) There are 7 boxes in my classroom, and in each box, there are 8 notebooks. How many notebooks are there in the boxes all together?

Equation: _____

Answer: _____

20) In my class, the teacher divided the students into 6 groups of the same number of students. If 4 students are in each group, how many students are there in my class?

Equation: _____

Answer: _____

153

Review ③
1 digit x 1 digit

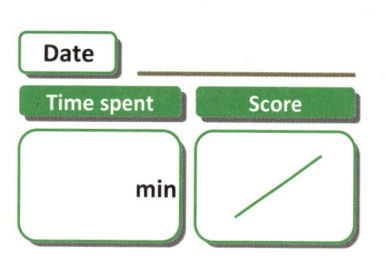

♠ **Multiply.**

1) 6 × 1 =
2) 6 × 2 =
3) 6 × 3 =
4) 6 × 4 =
5) 6 × 5 =
6) 6 × 6 =
7) 6 × 7 =
8) 6 × 8 =
9) 6 × 9 =

10) 7 × 1 =
11) 7 × 2 =
12) 7 × 3 =
13) 7 × 4 =
14) 7 × 5 =
15) 7 × 6 =
16) 7 × 7 =
17) 7 × 8 =
18) 7 × 9 =

19) $8 \times 1 =$

20) $8 \times 2 =$

21) $8 \times 3 =$

22) $8 \times 4 =$

23) $8 \times 5 =$

24) $8 \times 6 =$

25) $8 \times 7 =$

26) $8 \times 8 =$

27) $8 \times 9 =$

28) $9 \times 1 =$

29) $9 \times 2 =$

30) $9 \times 3 =$

31) $9 \times 4 =$

32) $9 \times 5 =$

33) $9 \times 6 =$

34) $9 \times 7 =$

35) $9 \times 8 =$

36) $9 \times 9 =$

37) $\begin{array}{r} 6 \\ \times\ 3 \\ \hline \end{array}$
38) $\begin{array}{r} 7 \\ \times\ 7 \\ \hline \end{array}$
39) $\begin{array}{r} 8 \\ \times\ 5 \\ \hline \end{array}$
40) $\begin{array}{r} 9 \\ \times\ 6 \\ \hline \end{array}$

154

Review ④
1 digit x 1 digit

♠ **Multiply.**

1) 6 × 1 =

2) 7 × 2 =

3) 8 × 3 =

4) 9 × 4 =

5) 6 × 5 =

6) 7 × 6 =

7) 8 × 7 =

8) 9 × 8 =

9) 6 × 9 =

10) 7 × 1 =

11) 8 × 2 =

12) 9 × 3 =

13) 6 × 4 =

14) 7 × 5 =

15) 8 × 6 =

16) 9 × 7 =

17) 6 × 8 =

18) 7 × 9 =

19) There are 9 chairs in each of 9 rows in the classroom. How many chairs are in the classroom all together?

Equation: _____

Answer: _____

20) My teacher had the students line up into 2 lines. If there are 8 students in each of 2 lines, how many students are there in the lines in total?

Equation: _____

Answer: _____

155

Review ⑤
1 digit x 1 digit

♠ Multiply.

1) $5 \times 1 =$
2) $6 \times 2 =$
3) $7 \times 3 =$
4) $8 \times 4 =$
5) $9 \times 5 =$
6) $2 \times 6 =$
7) $3 \times 7 =$
8) $4 \times 8 =$
9) $5 \times 9 =$

10) $3 \times 1 =$
11) $4 \times 2 =$
12) $5 \times 3 =$
13) $6 \times 4 =$
14) $7 \times 5 =$
15) $8 \times 6 =$
16) $9 \times 7 =$
17) $3 \times 8 =$
18) $4 \times 9 =$

19) 6 × 2

20) 7 × 3

21) 8 × 0

22) 9 × 5

23) 2 × 6

24) 3 × 7

25) 4 × 8

26) 5 × 9

27) 6 × 5

28) 7 × 6

29) 8 × 7

30) 9 × 8

31) 2 × 9

32) 3 × 2

33) 4 × 3

34) 5 × 4

35) 6 × 4

36) 7 × 5

37) 8 × 6

38) 9 × 7

39) 2 × 8

40) 3 × 9

41) 4 × 2

42) 5 × 3

156

Review ⑥
1 digit x 1 digit

♠ **Multiply.**

1) $3 \times 8 =$

2) $7 \times 4 =$

3) $2 \times 3 =$

4) $4 \times 6 =$

5) $9 \times 2 =$

6) $6 \times 9 =$

7) $4 \times 5 =$

8) $2 \times 8 =$

9) $8 \times 4 =$

10) $5 \times 7 =$

11) $\begin{array}{r} 4 \\ \times\ 4 \\ \hline \end{array}$

12) $\begin{array}{r} 9 \\ \times\ 7 \\ \hline \end{array}$

13) $\begin{array}{r} 2 \\ \times\ 2 \\ \hline \end{array}$

14) $\begin{array}{r} 7 \\ \times\ 8 \\ \hline \end{array}$

15) $\begin{array}{r} 6 \\ \times\ 3 \\ \hline \end{array}$

16) $\begin{array}{r} 3 \\ \times\ 9 \\ \hline \end{array}$

17) $\begin{array}{r} 8 \\ \times\ 6 \\ \hline \end{array}$

18) $\begin{array}{r} 5 \\ \times\ 5 \\ \hline \end{array}$

19) You gave some pieces of candy to 4 of your friends. If you give 3 pieces of candy to each, how many pieces of candy did you give to your friends in total?

Equation: _____

Answer: _____

20) I am 9 years old. If my mom is 3 times as old as I am, how old is my mom?

Equation: _____

Answer: _____

157

Review ⑦
1 digit x 1 digit

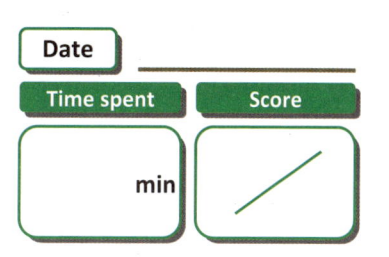

♠ **Multiply.**

1) $9 \times 2 =$

2) $8 \times 9 =$

3) $7 \times 3 =$

4) $6 \times 8 =$

5) $5 \times 5 =$

6) $4 \times 1 =$

7) $3 \times 7 =$

8) $2 \times 6 =$

9) $6 \times 4 =$

10) $4 \times 5 =$

11) $5 \times 6 =$

12) $6 \times 7 =$

13) $8 \times 3 =$

14) $2 \times 4 =$

15) $3 \times 9 =$

16) $7 \times 1 =$

17) $8 \times 2 =$

18) $9 \times 8 =$

19) 2 × 4

20) 8 × 6

21) 6 × 6

22) 4 × 7

23) 3 × 6

24) 9 × 1

25) 7 × 5

26) 5 × 9

27) 4 × 5

28) 2 × 6

29) 8 × 7

30) 6 × 2

31) 5 × 2

32) 3 × 8

33) 9 × 3

34) 7 × 7

35) 6 × 3

36) 4 × 6

37) 2 × 8

38) 8 × 8

39) 7 × 4

40) 5 × 6

41) 3 × 9

42) 9 × 5

158

Review ⑧
1 digit x 1 digit

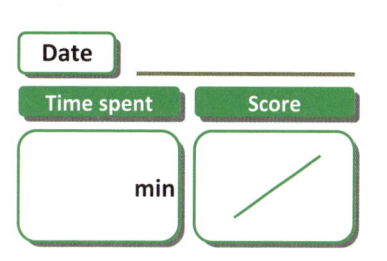

♠ **Multiply.**

1) 7 × 3 =

2) 5 × 2 =

3) 8 × 8 =

4) 2 × 2 =

5) 3 × 5 =

6) 4 × 5 =

7) 9 × 4 =

8) 3 × 9 =

9) 5 × 6 =

10) 6 × 7 =

11) 6
    × 3
    ___

12) 2
    × 6
    ___

13) 9
    × 7
    ___

14) 4
    × 4
    ___

15) 5
    × 9
    ___

16) 7
    × 8
    ___

17) 3
    × 5
    ___

18) 8
    × 2
    ___

19) I borrowed 3 books each week for the last 5 weeks in a row. How many books did I borrow in total during the past 5 weeks?

Equation: _____

Answer: _____

20) At the library, three of my friends and I checked out 7 books each. How many books did we check out all together?

Equation: _____

Answer: _____

159

Review ⑨
1 digit x 1 digit

♠ **Multiply.**

1) $4 \times 1 =$

2) $7 \times 2 =$

3) $3 \times 3 =$

4) $9 \times 4 =$

5) $2 \times 5 =$

6) $5 \times 6 =$

7) $8 \times 7 =$

8) $4 \times 8 =$

9) $6 \times 9 =$

10) $5 \times 1 =$

11) $3 \times 2 =$

12) $6 \times 3 =$

13) $8 \times 4 =$

14) $3 \times 5 =$

15) $7 \times 6 =$

16) $2 \times 7 =$

17) $9 \times 8 =$

18) $4 \times 9 =$

19) 5 × 0

20) 6 × 1

21) 7 × 2

22) 8 × 3

23) 9 × 4

24) 2 × 5

25) 3 × 6

26) 4 × 7

27) 2 × 8

28) 3 × 9

29) 4 × 4

30) 5 × 3

31) 6 × 2

32) 7 × 1

33) 8 × 5

34) 9 × 6

35) 3 × 7

36) 4 × 8

37) 5 × 9

38) 6 × 3

39) 9 × 5

40) 8 × 4

41) 7 × 6

42) 4 × 2

160

Review ⑩
1 digit x 1 digit

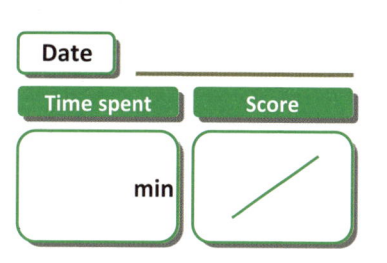

♠ **Multiply.**

1) $4 \times 2 =$

2) $8 \times 4 =$

3) $2 \times 6 =$

4) $7 \times 8 =$

5) $9 \times 3 =$

6) $6 \times 5 =$

7) $5 \times 7 =$

8) $9 \times 9 =$

9) $3 \times 4 =$

10) $8 \times 6 =$

11) $\begin{array}{r} 6 \\ \times\ 2 \\ \hline \end{array}$
12) $\begin{array}{r} 4 \\ \times\ 7 \\ \hline \end{array}$
13) $\begin{array}{r} 5 \\ \times\ 5 \\ \hline \end{array}$
14) $\begin{array}{r} 2 \\ \times\ 3 \\ \hline \end{array}$

15) $\begin{array}{r} 9 \\ \times\ 4 \\ \hline \end{array}$
16) $\begin{array}{r} 8 \\ \times\ 8 \\ \hline \end{array}$
17) $\begin{array}{r} 7 \\ \times\ 0 \\ \hline \end{array}$
18) $\begin{array}{r} 3 \\ \times\ 6 \\ \hline \end{array}$

19) I read 4 books each month for the last 8 months. How many books did I read all together during the past 8 months?

Equation: _____

Answer: _____

20) My family went camping 2 times each month for the last 5 months. How many times did my family go camping during the past 5 months?

Equation: _____

Answer: _____

D – 3: Answers

Week 1

121 (p. 5 ~ 6)
① 2, 4 ② 3, 6 ③ 4, 8 ④ 5, 10 ⑤ 1, 2
⑥ 2, 4 ⑦ 3, 6 ⑧ 4, 8 ⑨ 5, 10 ⑩ 6, 12
⑪ 7, 14 ⑫ 8, 16 ⑬ 9, 18

122 (p. 7 ~ 8)
① 2, 6 ② 3, 9 ③ 4, 12 ④ 5, 15 ⑤ 1, 3
⑥ 2, 6 ⑦ 3, 9 ⑧ 4, 12 ⑨ 5, 15 ⑩ 6, 18
⑪ 7, 21 ⑫ 8, 24 ⑬ 9, 27

123 (p. 9 ~ 10)
① 2, 8 ② 3, 12 ③ 4, 16 ④ 5, 20 ⑤ 1, 4
⑥ 2, 8 ⑦ 3, 12 ⑧ 4, 16 ⑨ 5, 20 ⑩ 6, 24
⑪ 7, 28 ⑫ 8, 32 ⑬ 9, 36

124 (p. 11 ~ 12)
① 2, 10 ② 3, 15 ③ 4, 20 ④ 5, 25 ⑤ 1, 5
⑥ 2, 10 ⑦ 3, 15 ⑧ 4, 20 ⑨ 5, 25 ⑩ 6, 30
⑪ 7, 35 ⑫ 8, 40 ⑬ 9, 45

125 (p. 13 ~ 14)
① 2, 12 ② 3, 18 ③ 4, 24 ④ 5, 30 ⑤ 1, 6
⑥ 2, 12 ⑦ 3, 18 ⑧ 4, 24 ⑨ 5, 30 ⑩ 6, 36
⑪ 7, 42 ⑫ 8, 48 ⑬ 9, 54

126 (p. 15 ~ 16)
① 2, 14 ② 3, 21 ③ 4, 28 ④ 5, 35 ⑤ 1, 7
⑥ 2, 14 ⑦ 3, 21 ⑧ 4, 28 ⑨ 5, 35 ⑩ 6, 42
⑪ 7, 49 ⑫ 8, 56 ⑬ 9, 63

127 (p. 17 ~ 18)
① 2, 16 ② 3, 24 ③ 4, 32 ④ 5, 40 ⑤ 1, 8
⑥ 2, 16 ⑦ 3, 24 ⑧ 4, 32 ⑨ 5, 40 ⑩ 6, 48
⑪ 7, 56 ⑫ 8, 64 ⑬ 9, 72

128 (p. 19 ~ 20)
① 2, 18 ② 3, 27 ③ 4, 36 ④ 5, 45 ⑤ 1, 9
⑥ 2, 18 ⑦ 3, 27 ⑧ 4, 36 ⑨ 5, 45 ⑩ 6, 54
⑪ 7, 63 ⑫ 8, 72 ⑬ 9, 81

129 (p. 21 ~ 22)
① 2 X 5 ② 6 X 2 ③ 4 X 3 ④ 8 X 4
⑤ 9 X 2 = 18 ⑥ 7 X 4 = 28
⑦ 3 X 6 = 18 ⑧ 5 X 9 = 45
⑨ 6 + 6 + 6 = 18 ⑩ 8 + 8 + 8 + 8 = 32

130 (p. 23 ~ 24)
① 5 X 4 ② 4 X 2 ③ 2 X 6 ④ 3 X 4
⑤ 4 X 4 = 4 + 4 + 4 + 4 = 16, 16 t-shirts
⑥ 3 X 5 = 3 + 3 + 3 + 3 + 3 = 15, 15 people

Week 2

131 (p. 27 ~ 28)
① 2 ② 4 ③ 6 ④ 8 ⑤ 10
⑥ 12 ⑦ 14 ⑧ 16 ⑨ 18 ⑩ 2
⑪ 4 ⑫ 6 ⑬ 8 ⑭ 10 ⑮ 12
⑯ 14 ⑰ 16 ⑱ 18 ⑲ 2 ⑳ 4
㉑ 6 ㉒ 8 ㉓ 10 ㉔ 12 ㉕ 14
㉖ 16 ㉗ 18 ㉘ 2, 4, 6, 8, 10, 12, 14, 16, 18

132 (p. 29 ~ 30)
① 2 ② 4 ③ 6 ④ 8 ⑤ 10
⑥ 12 ⑦ 14 ⑧ 16 ⑨ 18 ⑩ 4
⑪ 10 ⑫ 14 ⑬ 2 ⑭ 6 ⑮ 16
⑯ 8 ⑰ 12 ⑱ 18 ⑲ 2 X 7 = 14,
14 pieces ⑳ 2 X 6 = 12, 12 apples

133 (p. 31 ~ 32)
① 3 ② 6 ③ 9 ④ 12 ⑤ 15
⑥ 18 ⑦ 21 ⑧ 24 ⑨ 27 ⑩ 3
⑪ 6 ⑫ 9 ⑬ 12 ⑭ 15 ⑮ 18
⑯ 21 ⑰ 24 ⑱ 27 ⑲ 3 ⑳ 6
㉑ 9 ㉒ 12 ㉓ 15 ㉔ 18 ㉕ 21
㉖ 24 ㉗ 27 ㉘ 3, 6, 9, 12, 15, 18, 21, 24, 27

134 (p. 33 ~ 34)
① 3 ② 6 ③ 9 ④ 12 ⑤ 15
⑥ 18 ⑦ 21 ⑧ 24 ⑨ 27 ⑩ 12
⑪ 18 ⑫ 27 ⑬ 3 ⑭ 15 ⑮ 24
⑯ 6 ⑰ 9 ⑱ 21 ⑲ 3 X 8 = 24,
24 soccer balls ⑳ 3 X 5 = 15, 15 students

135 (p. 35 ~ 36)
① 4 ② 8 ③ 12 ④ 16 ⑤ 20
⑥ 24 ⑦ 28 ⑧ 32 ⑨ 36 ⑩ 4
⑪ 8 ⑫ 12 ⑬ 16 ⑭ 20 ⑮ 24
⑯ 28 ⑰ 32 ⑱ 36 ⑲ 4 ⑳ 8
㉑ 12 ㉒ 16 ㉓ 20 ㉔ 24 ㉕ 28
㉖ 32 ㉗ 36 ㉘ 4, 8, 12, 16, 20, 24, 28, 32, 36

136 (p. 37 ~ 38)
① 4 ② 8 ③ 12 ④ 16 ⑤ 20
⑥ 24 ⑦ 28 ⑧ 32 ⑨ 36 ⑩ 28
⑪ 8 ⑫ 16 ⑬ 36 ⑭ 4 ⑮ 32
⑯ 24 ⑰ 20 ⑱ 12 ⑲ 4 X 7 = 28,
28 cookies ⑳ 4 X 3 = 12, 12 robots

137 (p. 39 ~ 40)
① 5 ② 10 ③ 15 ④ 20 ⑤ 25
⑥ 30 ⑦ 35 ⑧ 40 ⑨ 45 ⑩ 5

⑪ 10　⑫ 15　⑬ 20　⑭ 25　⑮ 30
⑯ 35　⑰ 40　⑱ 45　⑲ 5　⑳ 10
㉑ 15　㉒ 20　㉓ 25　㉔ 30　㉕ 35
㉖ 40　㉗ 45　㉘ 5, 10, 15, 20, 25, 30, 35, 40, 45

138　(p. 41 ~ 42)
① 5　② 10　③ 15　④ 20　⑤ 25
⑥ 30　⑦ 35　⑧ 40　⑨ 45　⑩ 10
⑪ 40　⑫ 15　⑬ 25　⑭ 35　⑮ 45
⑯ 30　⑰ 5　⑱ 20　⑲ 5 X 3 = 15, 15 minutes　⑳ 5 X 9 = 45, 45 seeds

139　(p. 43 ~ 44)
① 2　② 4　③ 6　④ 8　⑤ 10
⑥ 12　⑦ 14　⑧ 16　⑨ 18　⑩ 3
⑪ 6　⑫ 9　⑬ 12　⑭ 15　⑮ 18
⑯ 21　⑰ 24　⑱ 27　⑲ 4　⑳ 8
㉑ 12　㉒ 16　㉓ 20　㉔ 24　㉕ 28
㉖ 32　㉗ 36　㉘ 5　㉙ 10　㉚ 15
㉛ 20　㉜ 25　㉝ 30　㉞ 35　㉟ 40
㊱ 45　㊲ 6　㊳ 12　㊴ 20　㊵ 30

140　(p. 45 ~ 46)
① 2　② 6　③ 12　④ 20　⑤ 10
⑥ 18　⑦ 28　⑧ 40　⑨ 18　⑩ 3
⑪ 8　⑫ 15　⑬ 8　⑭ 15　⑮ 24
⑯ 35　⑰ 16　⑱ 27　⑲ 4 X 8 = 32, 32 jellybeans　⑳ 2 X 8 = 16, 16 socks

Week 3

141　(p. 49 ~ 50)
① 6　② 12　③ 18　④ 24　⑤ 30
⑥ 36　⑦ 42　⑧ 48　⑨ 54　⑩ 6
⑪ 12　⑫ 18　⑬ 24　⑭ 30　⑮ 36
⑯ 42　⑰ 48　⑱ 54　⑲ 6　⑳ 12
㉑ 18　㉒ 24　㉓ 30　㉔ 36　㉕ 42
㉖ 48　㉗ 54　㉘ 6, 12, 18, 24, 30, 36, 42, 48, 54

142　(p. 51 ~ 52)
① 6　② 12　③ 18　④ 24　⑤ 30
⑥ 36　⑦ 42　⑧ 48　⑨ 54　⑩ 30
⑪ 54　⑫ 12　⑬ 6　⑭ 48　⑮ 24
⑯ 36　⑰ 18　⑱ 42　⑲ 6 X 3 = 18, 18 pieces　⑳ 6 X 8 = 48, 48 beads

143　(p. 53 ~ 54)
① 7　② 14　③ 21　④ 28　⑤ 35
⑥ 42　⑦ 49　⑧ 56　⑨ 63　⑩ 7
⑪ 14　⑫ 21　⑬ 28　⑭ 35　⑮ 42
⑯ 49　⑰ 56　⑱ 63　⑲ 7　⑳ 14

㉑ 21　㉒ 28　㉓ 35　㉔ 42　㉕ 49
㉖ 56　㉗ 63　㉘ 7, 14, 21, 28, 35, 42, 49, 56, 63

144　(p. 55 ~ 56)
① 7　② 14　③ 21　④ 28　⑤ 35
⑥ 42　⑦ 49　⑧ 56　⑨ 63　⑩ 28
⑪ 49　⑫ 35　⑬ 21　⑭ 56　⑮ 42
⑯ 14　⑰ 7　⑱ 63　⑲ 7 X 4 = 28, 28 rolls　⑳ 7 X 5 = 35, 35 roses

145　(p. 57 ~ 58)
① 8　② 16　③ 24　④ 32　⑤ 40
⑥ 48　⑦ 56　⑧ 64　⑨ 72　⑩ 8
⑪ 16　⑫ 24　⑬ 32　⑭ 40　⑮ 48
⑯ 56　⑰ 64　⑱ 72　⑲ 8　⑳ 16
㉑ 24　㉒ 32　㉓ 40　㉔ 48　㉕ 56
㉖ 64　㉗ 72　㉘ 8, 16, 24, 32, 40, 48, 56, 64, 72

146　(p. 59 ~ 60)
① 8　② 16　③ 24　④ 32　⑤ 40
⑥ 48　⑦ 56　⑧ 64　⑨ 72　⑩ 64
⑪ 48　⑫ 8　⑬ 32　⑭ 24　⑮ 56
⑯ 16　⑰ 72　⑱ 40　⑲ 8 X 4 = 32, 32 minutes　⑳ 8 X 5 = 40, 40 minutes

147　(p. 61 ~ 62)
① 9　② 18　③ 27　④ 36　⑤ 45
⑥ 54　⑦ 63　⑧ 72　⑨ 81　⑩ 9
⑪ 18　⑫ 27　⑬ 36　⑭ 45　⑮ 54
⑯ 63　⑰ 72　⑱ 81　⑲ 9　⑳ 18
㉑ 27　㉒ 36　㉓ 45　㉔ 54　㉕ 63
㉖ 72　㉗ 81　㉘ 9, 18, 27, 36, 45, 54, 63, 72, 81

148　(p. 63 ~ 64)
① 9　② 18　③ 27　④ 36　⑤ 45
⑥ 54　⑦ 63　⑧ 72　⑨ 81　⑩ 63
⑪ 45　⑫ 9　⑬ 36　⑭ 27　⑮ 72
⑯ 18　⑰ 81　⑱ 54　⑲ 9 X 4 = 36, 36 airplanes　⑳ 9 X 3 = 27, 27 birds

149　(p. 65 ~ 66)
① 6　② 12　③ 18　④ 24　⑤ 30
⑥ 36　⑦ 42　⑧ 48　⑨ 54　⑩ 7
⑪ 14　⑫ 21　⑬ 28　⑭ 35　⑮ 42
⑯ 49　⑰ 56　⑱ 63　⑲ 8　⑳ 16
㉑ 24　㉒ 32　㉓ 40　㉔ 48　㉕ 56
㉖ 64　㉗ 72　㉘ 9　㉙ 18　㉚ 27
㉛ 36　㉜ 45　㉝ 54　㉞ 63　㉟ 72
㊱ 81　㊲ 30　㊳ 42　㊴ 56　㊵ 72

150 (p. 67 ~ 68)
① 6 ② 14 ③ 24 ④ 36 ⑤ 30
⑥ 42 ⑦ 56 ⑧ 72 ⑨ 54 ⑩ 7
⑪ 16 ⑫ 27 ⑬ 24 ⑭ 35 ⑮ 48
⑯ 63 ⑰ 48 ⑱ 18 ⑲ 3 X 6 = 18, 18 birds ⑳ 2 X 9 = 18, 18 pencils

Week 4

151 (p. 71 ~ 72)
① 2 ② 4 ③ 6 ④ 8 ⑤ 10
⑥ 12 ⑦ 14 ⑧ 16 ⑨ 18 ⑩ 3
⑪ 6 ⑫ 9 ⑬ 12 ⑭ 15 ⑮ 18
⑯ 21 ⑰ 24 ⑱ 27 ⑲ 4 ⑳ 8
㉑ 12 ㉒ 16 ㉓ 20 ㉔ 24 ㉕ 28
㉖ 32 ㉗ 36 ㉘ 5 ㉙ 10 ㉚ 15
㉛ 20 ㉜ 25 ㉝ 30 ㉞ 35 ㉟ 40
㊱ 45 ㊲ 10 ㊳ 18 ㊴ 28 ㊵ 20

152 (p. 73 ~ 74)
① 2 ② 6 ③ 12 ④ 20 ⑤ 10
⑥ 18 ⑦ 28 ⑧ 40 ⑨ 18 ⑩ 3
⑪ 8 ⑫ 15 ⑬ 8 ⑭ 15 ⑮ 24
⑯ 35 ⑰ 16 ⑱ 27 ⑲ 8 X 7 = 56, 56 notebooks ⑳ 4 X 6 = 24, 24 students

153 (p. 75 ~ 76)
① 6 ② 12 ③ 18 ④ 24 ⑤ 30
⑥ 36 ⑦ 42 ⑧ 48 ⑨ 54 ⑩ 7
⑪ 14 ⑫ 21 ⑬ 28 ⑭ 35 ⑮ 42
⑯ 49 ⑰ 56 ⑱ 63 ⑲ 8 ⑳ 16
㉑ 24 ㉒ 32 ㉓ 40 ㉔ 48 ㉕ 56
㉖ 64 ㉗ 72 ㉘ 9 ㉙ 18 ㉚ 27
㉛ 36 ㉜ 45 ㉝ 54 ㉞ 63 ㉟ 72
㊱ 81 ㊲ 18 ㊳ 49 ㊴ 40 ㊵ 54

154 (p. 77 ~ 78)
① 6 ② 14 ③ 24 ④ 36 ⑤ 30
⑥ 42 ⑦ 56 ⑧ 72 ⑨ 54 ⑩ 7
⑪ 16 ⑫ 27 ⑬ 24 ⑭ 35 ⑮ 48
⑯ 63 ⑰ 48 ⑱ 63 ⑲ 9 X 9 = 81, 81 chairs ⑳ 8 X 2 = 16, 16 students

155 (p. 79 ~ 80)
① 5 ② 12 ③ 21 ④ 32 ⑤ 45
⑥ 12 ⑦ 21 ⑧ 32 ⑨ 45 ⑩ 3
⑪ 8 ⑫ 15 ⑬ 24 ⑭ 35 ⑮ 48
⑯ 63 ⑰ 24 ⑱ 36 ⑲ 12 ⑳ 21
㉑ 0 ㉒ 45 ㉓ 12 ㉔ 21 ㉕ 32
㉖ 45 ㉗ 30 ㉘ 42 ㉙ 56 ㉚ 72
㉛ 18 ㉜ 6 ㉝ 12 ㉞ 20 ㉟ 24
㊱ 35 ㊲ 48 ㊳ 63 ㊴ 16 ㊵ 27
㊶ 8 ㊷ 15

156 (p. 81 ~ 82)
① 24 ② 28 ③ 6 ④ 24 ⑤ 18
⑥ 54 ⑦ 20 ⑧ 16 ⑨ 32 ⑩ 35
⑪ 16 ⑫ 63 ⑬ 4 ⑭ 56 ⑮ 18
⑯ 27 ⑰ 48 ⑱ 25 ⑲ 3 X 4 = 12, 12 pieces ⑳ 9 X 3 = 27, 27 years old

157 (p. 83 ~ 84)
① 18 ② 72 ③ 21 ④ 48 ⑤ 25
⑥ 4 ⑦ 21 ⑧ 12 ⑨ 24 ⑩ 20
⑪ 30 ⑫ 42 ⑬ 24 ⑭ 8 ⑮ 27
⑯ 7 ⑰ 16 ⑱ 72 ⑲ 8 ⑳ 48
㉑ 36 ㉒ 28 ㉓ 18 ㉔ 9 ㉕ 35
㉖ 45 ㉗ 20 ㉘ 12 ㉙ 56 ㉚ 12
㉛ 10 ㉜ 24 ㉝ 27 ㉞ 49 ㉟ 18
㊱ 24 ㊲ 16 ㊳ 64 ㊴ 28 ㊵ 30
㊶ 27 ㊷ 45

158 (p. 85 ~ 86)
① 21 ② 10 ③ 64 ④ 4 ⑤ 15
⑥ 20 ⑦ 36 ⑧ 27 ⑨ 30 ⑩ 42
⑪ 18 ⑫ 12 ⑬ 63 ⑭ 16 ⑮ 45
⑯ 56 ⑰ 15 ⑱ 16 ⑲ 3 X 5 = 15, 15 books ⑳ 7 X 4 = 28, 28 books

159 (p. 87 ~ 88)
① 4 ② 14 ③ 9 ④ 36 ⑤ 10
⑥ 30 ⑦ 56 ⑧ 32 ⑨ 54 ⑩ 5
⑪ 6 ⑫ 18 ⑬ 32 ⑭ 15 ⑮ 42
⑯ 14 ⑰ 72 ⑱ 36 ⑲ 0 ⑳ 6
㉑ 14 ㉒ 24 ㉓ 36 ㉔ 10 ㉕ 18
㉖ 28 ㉗ 16 ㉘ 27 ㉙ 16 ㉚ 15
㉛ 12 ㉜ 7 ㉝ 40 ㉞ 54 ㉟ 21
㊱ 32 ㊲ 45 ㊳ 18 ㊴ 45 ㊵ 32
㊶ 42 ㊷ 8

160 (p. 89 ~ 90)
① 8 ② 32 ③ 12 ④ 56 ⑤ 27
⑥ 30 ⑦ 35 ⑧ 81 ⑨ 12 ⑩ 48
⑪ 12 ⑫ 28 ⑬ 25 ⑭ 6 ⑮ 36
⑯ 64 ⑰ 0 ⑱ 18 ⑲ 4 X 8 = 32, 32 books ⑳ 2 X 5 = 10, 10 times

Tiger Math

ACHIEVEMENT AWARD

THIS AWARD IS PRESENTED TO

_____
(student name)

FOR SUCESSFULLY COMPLETING

TIGER MATH LEVEL D – 4.

Dr. Tiger

_____
Dr.Tiger